PRODUCE 101 JAPAN FAN BOOK PLUS

JN073675

PRODUCE 101 JAPAN

Sponsored by SoftBank

『ツカメ ～ It's Coming ～』

Composed by Ryan S. Jhun, Andrew Choi, Eunsol (1008), DAWN, BiNTAGE, Seo Yi Sung
Japanese lyrics by Kanata Nakamura (中村 彼方)

wow wow wow wow wow wow

pick me up

wow wow wow wow wow wow

pick me up

始めようよ今すぐに
辿り着きたい場所がある
何を持って行けばいいって
心配ばかりしてないでさ

IT'S OK! 前向きに
弾んだココロとカラダあれば
何にも必要ないよ　走り出せ
I WANT TO 昇れ頂上 (トップ) へ

光り輝く PICK ME UP
未来のド真ん中で SHINY DAYS
君は誰の PICK ME UP
君はいったい誰の手を取るの

その瞬間は　キテル　IT'S COMING!
OH! IT'S COMING!
その瞬間は　キテル　IT'S COMING!
OH! つかめ！ つかめ！ YEAH

(wow wow wow wow wow wow pick me up)
OH! IT'S COMING! IT'S COMING!
(wow wow wow wow wow wow pick me up)
OH! つかめ！ つかめ！ YEAH
ここに居るよ　この手を取って
僕を頂上 (トップ) へ　連れてって

いつまでも夢を見てる
お願いそう言って笑わないで？
この道の続き見えるでしょ
君も希望に染まった

ヒーローになりたくて
強さも願ったあの日の気持ち
忘れられるわけないよ
可能性が I WANT TO あるのなら

溢れそうな PICK ME UP
思わず目をつむった SUN RISE
眩しすぎる PICK ME UP
光はいま誰を照らすの

その瞬間は　キテル　IT'S COMING!
OH! IT'S COMING!
その瞬間は　キテル　IT'S COMING!
OH! つかめ！ つかめ！ YEAH

つかめ！ つかめ！ YEAH
つかめ！ つかめ！ YEAH
つかめ！ つかめ！ YEAH
つかめ！ つかめ！ YEAH

(wow wow wow wow wow wow pick me up)
OH! IT'S COMING! IT'S COMING!
(wow wow wow wow wow wow pick me up)
OH! IT'S COMING! IT'S COMING! YEAH
(OH! つかめ！ つかめ！ YEAH)
ここにいるよ　この手を取って
僕を頂上 (トップ) へ　連れてって

Original Publisher: Marcan Entertainment for Ryan S. Jhun (KOMCA) / EKKO Music Rights (powered by CTGA) for Andrew Choi (ASCAP), DAWN (KOMCA), BiNTAGE (KOMCA), Eunsol (1008) (KOMCA) / Music Cube, Inc. for Seo Yi Sung (KOMCA) / Yoshimoto Music publishing (JASRAC) for Kanata Nakamura
Sub-Publisher: Nichion Inc. for Ryan S. Jhun and Seo Yi Sung / AVEX Music Publishing Inc. for Andrew Choi, DAWN, BiNTAGE, Eunsol (1008)

The Final Day

最終回当日のリハーサル風景やバックステージの様子をクローズアップ

2019年12月11日 #PRODUCE 101 JAPAN 最終回

鏡の前でダンスのチェックをしたり、衣装に着替
えたりとステージに上がる前の練習生の表情と
過ごし方は様々

ストレッチやダンスの練習はもちろ
ん、ダンスの動画を再確認しながら
本番に備える練習生の眼差しは真剣
そのもの

本番用の衣装に着替えてリハーサル
に臨む練習生たち。リハーサルで
あっても気を抜かず、緊張感と熱量
が伝わってくる

惜しくも最終選考に残ることができなかった練習
生も応援のために会場へ駆けつけ、素敵な笑顔を
見せてくれた

最終回の本番スタート！ 多くの
ファンが結集した会場は大きな歓声
と拍手に包まれ、熱気と興奮に
溢れていた

最終回の最後に披露する課題曲に選ばれたのは、
いきものがかりの新曲「さよなら青春」。約半
年間を過ごした練習生の青春の一コマを彷彿
させるステージとなった

デビューする11名発表の瞬間。
苦楽をともにしてきた練習生だから
こそわかる悔しさや悲しみ、喜びと
いった感情が伝わってくる

大きな舞台、最終回の本番を終えた練習生たちは、
涙の後の安堵と清々しい表情を浮かべていた

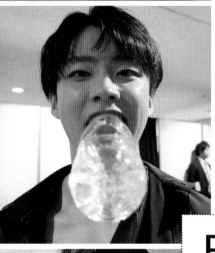

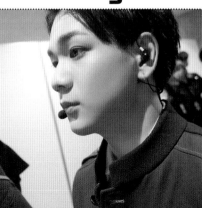

ファイナル当日の舞台裏を撮影したスナップ集

Back Stage Snap

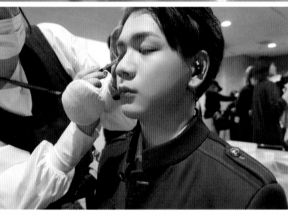

Ranking 2nd

60人の練習生が、6人ずつ10個のグループに分かれてそれぞれの
課題曲を披露したグループバトルを経て収録された第2回順位
発表式。約1900万票の投票より、60人から35人に絞られた

※練習生のコメントは彼らの日記より抜粋しております。

髪色を大幅に変えてイメージチェンジをしたメンバーも多く、人生を大きく変える大舞台に対する気合いが感じられた

僕はベネフィット10万票をもらったのにもかかわらず、34位から1位まで呼ばれませんでした。このときはもう、親にどう報告しようか考えていました。35位に僕の名前が呼ばれたときは、本当に頭が真っ白になって、今年一、心臓がバクバクしました。【浦野 秀太】

２回目の順位発表式。すごく複雑な気持ちでした。僕は、国民プロデューサーの皆さんのおかげで１位になることができました。でも、僕はいろんな人に支えられて、いろんな人に元気をもらっていたので、彼らと離れることが本当につらかったです。【川西 拓実】

33位だった。残れて嬉しいけど、これから順位を上げていきたい。本当に。このままではデビューはおろかファイナルにも残れない。（井汲）大翔や、（北岡）謙人くん、（安藤）優くん、ヒョクくん……ほかにもたくさんお世話になった人が脱落してしまった。その人たちの分まで頑張らないといけない。【佐藤 隆士】

11/10
パート決めでサブボーカル④に
なったのですが、ボーカルの中で
一番やりたかったサブボーカル①
を狙うチャンスをいただけました。
結果、僕がサブ①になりました。
まさなみも絶対やりたかったと思う
ので、頑張ります。
【岡野 海斗】

11/10
みんなに決めてもらった結果、
海斗君がサブボーカル①になった。
決まったからにはしっかり任せて、
自分はサブ④で、見せ場が少ない
からこそ、その一瞬に気持ちを込
めて頑張ると思った。
【青木 聖波】

第2回順位発表を経て、35名となった練習生が7人編成のチームを作り、パフォーマンスを行うコンセプトバトルの合宿。これまでは既存の楽曲でのパフォーマンスだったが、初めてのオリジナル曲での勝負となった

第2回順位発表の時には既にコンセプトバトルの練習をしていたこともあり、36位以下のメンバーがチームを離れてしまうことに。グループ内投票で下位となった一部の練習生は異動し、メンバーを再構成して練習に臨むという試練も

11/1

「Black Out」は、自分がアイドルを目指したいと思ったきっかけでもあるK-POPグループの曲を手掛けていた方が作った曲なので、すごく思い入れがありました。この曲を踊れることになって、本当に嬉しかったです。【大澤 駿弥】

11/11

夜の練習で、サビの細かい部分が自分の思い通りにできなくて、泣いてしまいました。本当に悔しかったので、絶対に完璧に仕上げたいです。人生で初めてラップというポジションに挑戦するので、しっかり自分の役割を果たせるように頑張ります。【北川 玲叶】

11/12
WARNER先生のレッスンでダンスの指摘をもらいました。いろんなことがあって気分がのれていなかったのが、ダンスに出ていた。気づかせてもらえてよかった。本番は絶対に全員を魅了できるように頑張ります。【本田 康祐】

11/11
今日はみんなで振りの確認をして、踊っていてズレがないかを僕が見たり、逆に僕もヒコとか倖真に見てもらったりして、クオリティーを高めることができた。リーダーになったからには、責任をもっていい曲に完成させる！みんなで！【福地 正】

11/11
チームの成長が目に見えて、嬉しかった。どんどん良くなっている。ただ、自分は声が出たり出なかったり、差が激しい。不安定だとチームのみんなも心配だと思うから、できるようにしたい。センターらしく自信を持って、良いステージにする。【宮島 優心】

11/12
トレーナーチェックで、志音が泣いてしまった。
俺も韓国合宿でAクラスにいたとき、気持ち
的にやられていたことがあるから、志音の気持
ちはすごくわかる。俺らのわからんところで、
苦しめられとったんかなあと思って、申し訳な
い気持になった。【佐藤 來良】

11/13
今日はずっと練習でした。レッスンが全部終わって、みんなで本番のときの話や、この曲の話をしました。みんな、いろんな意見や考えがありました。話をしながら、僕は本当にいい時間だと思いました。1位をとって、みんな笑顔で、今回の合宿が終わってほしいです。
【キム ユンドン】

「クンチキタ」
（前列左から）佐藤 景瑚、
宮里 龍斗志
（後列左から）岡野 海斗、
青木 聖波、上原 潤、
木全 翔也、井上 港人

「Black Out」
（前列左から）大澤 駿弥、
安藤 誠明、佐野 文哉、
金城 碧海
（後列左から）與那城 奨、
キム ヒチョン、本田 康祐

「DOMINO」
（前列左から）チョン ヨンフン、川尻 蓮、川西 拓実
（後列左から）豆原 一成、鶴房 汐恩、キム ユンドン、河野 純喜

「Happy Merry Christmas」
（前列左から）床波 志音、
白岩 瑠姫、磨田 寛大
（中列左から）中本 大賀、
浦野 秀太、佐藤 來良
（後列）男澤 直樹

「やんちゃBOY
やんちゃGIRL」
（前列左から）今西 正彦、
福地 正、宮島 優心、大
平 祥生、北川 玲叶
（後列左から）佐藤 隆士、
小松 倖真

グループが5組中1位になるとそのグループには22万票が与えられ、
その内訳としてグループ内の1位の練習生に10万票、そのほかの練習
生に2万票が付与されるという後のファイナリスト選出に大きく影響
が出る戦いとなった

結果は2位でした。
リーダーとして、苦戦
しながらも頑張って
引っ張ってきたつもり
だったんですが、1位
をとれなくて残念です。
この曲の良さは伝える
ことができたと思うので、
今年の冬からは、皆さん
に「ハピメリ」を聴き
ながら過ごしてもらえ
れば嬉しいです。
【男澤 直樹】

本番が終わりました。自分の力は出し切ったのですが、今回も結果はついてこなかったです。black beltで一緒だった港人が1位でベネフィット10万票を獲得したことに、嬉しさと焦りを感じました。20人に残れることを祈っています。【佐野 文哉】

チームが最下位になってしまいました。すごく悔しいです。もうそれしか言葉が出てきません。やっぱり練習と本番は違いました。でも、その中で全力を出して頑張れました。チームのみんな、ありがとう。【小松 倖真】

今までの人生で一番嬉しい出来事が起こった。コンセプト評価で自分が1位を獲った。シンプルに胸を張って喜びたい。自分の努力を評価してくれた国民プロデューサーの皆様に感謝しています。本当にありがとうございました。【井上 港人】

今日は人生で一番最高の日になりました。まさか「クンチキタ」が1位になるとは思っていませんでした。チームみんなのおかげです。そして、リーダーの（上原）潤くんにとても感謝しています。本当にこのメンバーでよかったと思います。【佐藤 景瑚】

1位を獲得したのは「クンチキタ」チーム。同チームには木全翔也と佐藤景瑚が「DOMINO」から異動しており、オリジナルメンバーと健闘を称え合った

Event:Like a Lady

Ranking 3rd

3回目でいよいよファイナリスト20名が選出された。これまでの国民投票が11ピック（11人を選んで投票）だったのに対し、2ピック（2人を選んで投票）に変更。それがきっかけなのか、順位に大きく変動が出た発表式でもあった

順位発表でコメントを言うとき、「やんちゃBOY やんちゃGIRL」のときのことを思い出して、話すのがきつかったです。脱落したみんなの思いも背負って、絶対にデビューします。【大平 祥生】

今回の順位発表式で、僕の大親友の玲叶が脱落してしまいました。韓国合宿のときからずっと一緒にデビューしようと言っていたので、本当に悲しいです。あいつが上京するときまで、僕のネックレスを託したので、強く、これからも生きてほしいです。【鶴房 汐恩】

ついにファイナルに行く20人が決まりました。つらい別れが今まで何回もあり、そのたびに頑張ろうと思ってきました。今回の順位発表式で、さらに自分のなかでやる気が出てきて、もっと頑張ろうと思いました。脱落した練習生の分も、全員分、頑張ろうと思います。【豆原 一成】

11/30
デビュー評価の練習初日。1サビの振り付けをみんなで合わせました。
頼りになるメンバーがたくさんなので、自分の良さを出しながら、
みんなからたくさん勉強します！【川尻 蓮】

12/1
バラード曲のパートの振り分けで、僕はハモリパートを担当すること
になりました。人一倍頑張らないといけないし、20人で歌う最後
の歌だから、僕たちだけにしかできない「さよなら青春」にしたいです。
【安藤 誠明】

12/1
今日はたくさんダンスをしました。前回よりダンスを覚えるスピードは早くなったと思います。まだ足りない部分はありますが、少し進歩できたと実感しています。みんなが寝ている間も練習するのみ。
【床波 志音】

12/1
ダンスのレッスンで、WARNER先生
からたくさん指摘されて、正直悔しく
て、自分に腹が立ちました。成長した
姿を見せられるように頑張ります。
夜練は拓実くんとして、とっても楽し
かった！【今西 正彦】

12/8
リーダーは大変だと思います。今までの「FIRE」チーム、「DOMINO」
チームで、リーダーはヨンフン君とユンドン君だったので、今、その
気持ちが分かった気がします。2人の分までチームを引っ張って、
最高のステージを作りたいです。【河野 純喜】

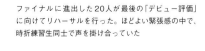

ファイナルに進出した20人が最後の「デビュー評価」
に向けてリハーサルを行った。ほどよい緊張感の中で、
時折練習生同士で声を掛け合っていた

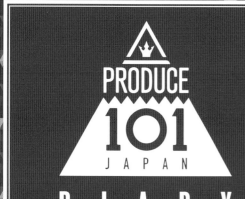

PRODUCE 101 JAPAN DIARY

デビュー決定まであと40日―。コンセプトバトル以降に残った35名は、脱落した練習生の思いを背負って最後の舞台に挑んだ。激動の日々の中、彼らの思いの丈を綴った日記の中から、印象的な1日を直筆で収録。

―― 日記は一部省略しています。

1/19
・まさかのワンチキタがチーム1位を取ってみんなめちゃめちゃびっくりしたけど本当にうれしすぎて夢かと思った。(笑)
・とくてんパフォーマンスでは最高に楽しんでてみんなの性格が出てて良いチームだなと思った！！！！！！

ありがとうございました！！

青木 聖波

12/10
今日は、前日リハーサルで一通りの流れを確実させて頂いて ツカメの収録もしました。久しぶりの ステージでのツカメ だったので マイクがとれちゃうトラブルがあったりして 大変だったが ツカメは やはりあの時の舞国合宿を思い出して感慨深いものがあるなと思いました。考えればあの時から4ヶ月経っていると思うと 本当にこの期間は めまぐるしく、時が流れるのが人生で一番早く感じました。
その期間を 明日で泣いても笑っても最後になるので 今まで一緒に頑張ってきた仲間達の分も 僕達の ためにこのプロジェクトに関係してくださった方々や 家族、友達、そして国民プロデューサーの方々のために 最高のエンターテインメントをお届けして 皆さんを先頭かします。
今日学ばせて頂いた事を しっかり整理して 明日 本番にのぞみます
後悔だけは しないように やりきります。

安藤 誠明

1/9 順位発表式。
10万を獲得し 14位へ。
20人に入れた事は 嬉しくて光栄だ
しかし 現実を考えてしまう。
20人の中で 僕が1番 票数が少なく、
ベネフィット無しでの20人に入れなかったという事が
不安だし、これから何をする的でなし その車 状 頭を
よぎると思う。
でも 大舞君が言ってくれた 10万票も 他人の実力
の肉だよという言葉 を胸に 逆境を乗り超えたい
オゲ君が 前言ってくれたように、自分を信じて、仲間
を思いやめる 人でいて という言葉 も忘れずに。
自分との勝負と、人との勝負
どちらも 勝利をツカミ、色々 成長した上で
デビューを勝ち取りたい。
毎回 毎回、僕たちの仲間が 居なく なる。
その人達の 思いを 背負って がんばりたい…。
先ね が 今日 僕が思った 気持ち
常に 初心 で たまに 強がに 戦がっている。

井上 港人

11月30日 (土)
今日は朝からみんなでワイワイ食材をえらび
たこやき、おこのみやき、やきそばを作りました☺
れんくんの博太こやきやユンテンくんの
やきそばはとってもおいしかったです♪
ひこはおこのみやきを作って たくみくんに良い所
(ひっくり返す所)を取られましたが上手にできて
とても楽しい時間でした♪ そのあとのフリートーク
では一生踊りたくない、レーザービームを踊って
はずかしかったです(笑) じゅんくん、うらみます(笑)
そのあとは練習をして 振り付けをみんなで
覚えました♪ かっこよくおどれるように
がんばるぞお!!!
夜は、オーディションのときの自分を見て、初心の心が
ばかり 改めて本当にデビューしたい♪ と思い
今後も友人、職理のみなさんに恩返ししたい♡
11日までがんばるぞお!!!

おやすみなさい。
もっも らいがなおしたい。

今西 正彦

12/4

本番まであと3日...
もっともっと時間がほしいというのが
正直な気持ちだけど、もう
そんなこと言ってられないから
今できる最大限の努力をして
クハーサルも全力で臨みたい。
みんな気をひきしめて、
自分も気をひきしめて
がんばろう!!

上原 潤

今日はユンヒカが評価項目でした! 本当に楽しかった!
正直、初めたハピメツの振りを見たとき 曲のイメージと違うなーとか、
このメンバーに合ってないなーとかたくさん考えに、悩んだりしました。
4位なんて無理だとも思ってました。僕は今 初の時の気分と
責めたいです。 12人から7人になりパフォーマンスするメンバーし決まり
練習が進んだりしました。 それも悪戦のバトルで、センターすてなり
決まりましたが メボはやはりなかなか決まりませんでした。2日間にわたり
休憩によって決まったのが、僕でした。メボになれたのは嬉しかったけど
プレッシャーがかなりやばかったです。 毎日おしつぶされそうでした。
でも現在お住、ここが練習なりたいすどどうすが、と言い聞かせています。
たくさん練習しました。 そして本番、悔いの残らないステージにできたと思います。
何よりす。 ごい楽しかったです。 ステージの楽しさを改めて実感しました。
このハピメツの曲が大スキです。 振りも大スキです。 とっても愛があります。
このメンバーでこの曲がさたって すごい良かったです。 みんなに聞いてほしいなー。
ハピメリメンバーで写真とってほしいなー。
この日談が最後になってしまう可能性が高いですが、Produce 101 JAPAN で
会えたい、そして前中の人たちに会えて本当によかったです!
人生のやなり大きな経験だったと思います。 ありがとうございました!

浦野 秀太

11月30日 (土)

<内容>
・ハパーティー
・自主練
・アインヒん レッスレ

→今日はデビュー評価の練習が始まり
楽しいつりに苦戦した。
リーダー決めでは初めてのリーダーに
立候補に...ダンス面でれん君、ホンダ君、ショウセイ君、ユンテン君
が元気張ってくれてみんなから見守り 生活面か
支えたい...
もっと皆が楽しい...なれるように...

しゅんせい

大澤 駿弥

11/7
今日は順位発表とコンセプト評価曲の再編成でした。
順位は11位ギリギリ、デビュー圏内に入れたけど順位が落ちてるので
悔しいです。
両編成ではドミノからハズされ、クンチキタでもハズされ
多々、取り戻してきた自信が一瞬でくずれました。
自分はできない人なのかなとかコンセプトになる曲かなのかなと思ったけど
きっとこれは今の自分に対しての試練なのでこんな事に負けるほど僕は弱くないのか
与えられた運命をがんばりたいです。
部屋に入った時、皆が迎えてくれて嬉しかったです。
皆が優しいんで良かった、僕は幸せ者です。
皆と一緒に乗り越えたいです。

大平 祥生

11月15日(金)
本当に信じられないです。努力は報われるという言葉をすごく
実感しました。他のチームより遅くまで残って練習し、話し合い
やパートチェンジ色々な困難を乗り越えてステージに立ちました。
一人一人が、きっとどのチームよりも思い入れがありとても濃い
時間を過ごしたと思います。今は、本当に信じられなくて、
何も考えられません…(笑)
僕が今までの合宿で一番つらくて悩んだ合宿です。すごく
成長できたし、ダンスの楽しさ応死に練習することの楽しさ
喜びを吸収することができました。ドミノチームから来た2人だけ
で無く元々いた5人も同じ悔しさを胸に秘めていたと思います。
1位に輝いた時に流したのは本当の涙です。僕たちが一生
懸命に毎日練習をしていなければこの涙はありませんでした。
僕の最後の目標であった、けいごくんとしょうがに笑ってクンチ
キタをやって良かったと🚗思ってもらう目標は叶えられたので
本当に良かったです。今日はゆっくり休みます。
クンチキタチームありがとう。

岡野 海斗

11/9.
35位、まで決まって、まずは残れてすごく嬉しい。
国民プロデューサーのみなさんに、本当にありがとうございますと伝えたいなと
思いました。でも、24位という順位に正直、全然満足してなくて、僕が、デビューけんないに入るには、どうすればいいのかなと
思いました。僕に足りない部分は、一番はビジュアルだと思うし、
そこを頑張りたいとも思うけど、やっぱり、実力がとびぬけてたら
デビューけんないに入れると思って、まだまだ足りない部分も多いなと思いました。
でも、実力が負ける気はありません。だれよりも歌って踊れる自信は
あります。だからこそ、もっと上に、行きたいと思うし、
もっと努力して、とびぬけた存在、グループに必要な人材だと思われるように、
なりたいです。
今回で脱落してしまった練習生は、本当に優しい人たちも多かって、
良い人ばかりだったのですぐに悲しかったです。寺師くん本当に良い人、もりくんも相方、
宇佐は構図の時が一緒にがんばしてました。18×の2人も本当に良い人、ひびきも、
書ききれないほど良い人ばかりだったし、魅力のある人たちなので、
またいつか上の舞台で、会いたいです。

ハピメリは、7人もうろで残って、正直、7人も残ると思っていなかったので、(自分も含め)
びっくりしました。やっぱり、ボンカに特異な人たちばかりなので、
パート決めがむずかしいです。
あと、初めて、リーダーをすることになりました!!
リーダーをするからには、しっかりとグループをまとめていきたいし、引っぱっていきたい。

男澤 直樹

12月 4日
今日は、練習最終日でした。

明日は、大事なリハーサルなので、
集中力を切らさずに、20人全員で、
最後まで、がんばります。

デビュー発表まで、あと 2日！

川尻 蓮

12月6日(金)

今日はツカ×の練習を全員でして、韓国合宿を思い出しました。
今は色んな気持ちがいっぱい交差していて、
もうすぐこのオーディションの終わりを向かえるのと同時に、僕たちの未来が動き出すことに、
不安もありますが、自分達を信じて
これからの道を進むしかないのかなと思いました。
僕は、ここに来れて、来て本当に良かったです。
庭林でも、ずっと僕のことを支えてくれた、
家族に恩返しもしたいし、幸せにしてあげたいです。

　　　練習がんばります!
明日は今日よりもっと良い×
　　　　　　　　　　　　　　12.06
　　　　　　　　　　　　川西 拓実

1/12

今日は、トレーナーさんのレッスンがたくさんありました。
その中で、A-NoN先生にこのままでは全員落ちるよと言われ、
自分の中の努力がまだまだだったことに気付かされました。
これまでは少しでも体力的にしんどくなっていたら、休んでいたけれど、今日
は休まずにしたら、だんだん楽しくなりました。ダンスの振りが主因人に
もっとますキャンプにとよがり自主練もできました。明後日には、リハーサルを
するので、今日習ったことを明日は完璧に仕上げたいと思います。また、
デビューしたいという気持ちがまだ何人には伝わっていないということを今わかった
ので、しっかり他も゙ぐらいの行動も意識したいと思います。
汐恩も色々がんバイスしてくれて、自分のことを考えてくれて本当にうれしかったです
この恩も返すように全力で最後までこの調子でがんばります。

　　　　　　　　　　　　北川 玲叶

11/15

今日は本番でした。まさか自分たちが 1位になるとは
思ってはいませんでした。ステージをたのしんで結果がどうでも
いましたが、だいサプライズがきたなと、はまそうでした。

　　　　　　　　　　　　木全 翔也

十一月四日

今日は さいごの れんしゅうでした。こんかいは みじかかったので さびしいですね
でも すぐ あえるので あ、でも あたらじん いは、びおは だから
きついですよね。もう だれかが おちるのは みたくないです。
人生 むずかしいです。ま、がんばはます。何とか します。はい、おやすみなさい。

　　　　　　　　　　　　キム ヒチョン

11/15 — キム コンドン

きょうは ほんばんの日です。あさがめっちゃきんちょうしてました。
いままで ぼくたちがれんしゅうをしたことを 3分ぐらいで
どのぐらいおきゃくさんがよろこぶか がんばりでした。
でもぼくはメンバをしんじるから たのしみにしながら
きんちょうをました。
チームとしてまけました。けっかは 3位でした。
メンバのみなさんにも もうしわけないんです。リーダとして 1位を
とりたかったですけど できなくてくやしいでした。
・ヨンフンくん こんかり れんしゅうをしながらたよってくれて ありがと！
・れんは センタのプレッシャーがあるんだとよもいですけど
　かっこいいセンタやってくれて ありがと！
・まめは こんかりが 3かりのいっしょのチームなんですけど
　よめと いっしょにれんしゅうすることがしあわせです。
・ほんは いちばんさいしょのときからずっと いっしょのへやでしたね
　こかいもかっこいいステージをしてくれて ありがと！
・たくみは いつもおもしろいなよもっとまじ（つらい）がよりにち
　あたたかみえよよよまた たくみも ありがと！
・じんきくんは こんかりメインボカルで がんばってくれて ありが
　とう！じんきのこえは いつもかっこいいです
ぼくのこころには DOMINO が 1位 です。
みんな ありがとうございました。

　　　　　　　　　　　　　　　　　　　　キム コンドン

9日 — 金城 碧海

第二回順位 発表式。結果は 25位と 下がることなく
現状 上がりつづけています。
ここまで来れたのは、国民プロデューサーの皆様の応援や スタッフの方
のサポートがあっての順位だと思っています。
ダンスに関しては 練習に沢山おしえてもらい、かなり 成長したんじゃ
ないかと思います。
空と最後まで 一緒に残りたかった。最初に空と チームスカイで組め
なかったら、今の僕は いない。本人が一番辛かったと思う。近くにいたから
こそ 一番分かる。本当に空とチームを組めて良かった。…こんな 頼りない
兄とチームを組んでくれて ありがとう。
俺にできる最大限で努力する。ファイナルまで、空の気持ちも ていくらい
応援してる。

　　　　　　　　　　　　　　　　　　　　金城 碧海

12/10 — 河野 純喜

最後の日記。
Produce 101 JAPAN のオーディションに参加して 約半年がたちました。
僕の人生は 特に変わらない。
顔もダンスも未経験だった 僕が 101人に選ばれて、
シックスパックスのメンバーと出逢い、
たくさんの仲間と出逢い、自分の想像を超える程に
たくさんの 国民プロデューサーの方から応援をいただき、
ついに、明日、5/11 デビューする11人を決める、デビュー評価の
舞台に立ちます。
最近、強く感じるのが、このオーディションの活動、僕の夢が、
もう 僕だけのものじゃ ないという事です。
今まで、応援していただいた 国民プロデューサーの方、家族、友人、
このオーディションを行うに際って支えてくださったスタッフの方
のためにも 絶対にデビューしたいです。絶対にデビューします。
そして、世界で活躍するアイドルグループの一員として、
明日から、最高のスタートをきります!!
本当にありがとうございました。

　　　　　　　　　　　　　　　　　　　　河野 純喜

11月14日 — 小松 倖真

今日は リハーサルでした。
一回目は「見せてあげる」を表することができなくて、
二回目はまあまあだったのですが単純に計算すると、50％のシンク
率分でしかないので、目標は 実現して おませること
だったのに リハ以降で 達成することができません…。
本当に 残念です。すみません。
笑顔で出しても良いと言われているのですが、やっぱり
強く出したいなと思ったので、明日の様子をみながら
決めたいと思います。チームに迷惑はかけたくないので…。
メインボーカル、本番を全力で頑張りたいと思います。

チームで

一位！

　　　　　　　　　　　　　　　　　　　　小松 倖真

佐藤 景瑚

あと、本番まで 3日!!

なんか、実感が湧かないです。
もう、終ってしまうなんてとても
悲しいです。今日は最後の
練習です。くるまでとても長かった
です。明日はリハーサルです。
なんかリハーサルなのにとても
緊張します。
明日も気合い入れてがんばります。

佐藤 來良

お疲れ様です。
今日は、幕張に移動してきて、幕張で練習しました。
隣の部屋でめちゃくちゃ YOUNG なチームが、練習してたので
自分的にも焦りと感じました。昨日のワーナーさんの体育館での
確認の時は、良かったんですけど、いざ今日鏡なしでやってみると
全然動きが弱くて、まだまだだなと感じました。だけど、当日は、
幕張メッセに生放送されて、すごい状況の中でするパフォーマンス
なので、もっともっと極めないとなと感じてます。自分のチームは、
生で自分を含め、ダンス未経験者が多いので、より一層
頑張るしかって。途中チームワークが乱れそうになったけど
リーダーとか間に入って仲直りできたので良かったです。

佐藤 隆士

今日は、パート決めをした。

メインボーカルは、こうしんがやることになった。正直に言って、
やんちゃ boy やんちゃ girl に入ってから、メインボーカルになろう、メインボーカルとしてステージに
立ちたいという気持ちが強かったから、めちゃくちゃ悔しかった。
でも、こうしんの声の方がやんちゃに合ってると思うから、恨みとか
そういう気持ちはない。自分も全然ダメだったし。

今まではと違う自分になろうと、違う自分を見せようと模索してる途中
だけど、空回りしてしまっている感があると客観的に思う。

サブボーカル (センター) にも挑戦したけど、2連続で敗れた。
こうしんと、優心くんと、自分の声をきいたけど、納得のいく結果
だった。(失礼な感じたらすみません。)
2人の方が圧倒的にやんちゃにフィットしてるし、実力も上だった。

2つ希望パートを逃して、少しずつつつあった自信をだいぶ失い
かけた、という人失ったけど、サブボーカル2 でも魅せれる様な
練習に、もっとずむ光り出せるようになって、ダンス表情上手くなって
チームメイト本願に来てくださる国プの方々、放送や SNS で見てくださる
国プの方々に、X ポカセンター 隆士でも良いんじゃないか!?と思って
いただけるようにん一生懸命頑張る。集中集中!!

ひろとをはじめとして 36 位以下になってしまった練習生に、次をたくして
良かった、次をたくしたいと思ってもらえるように♪

カメラ前での 口下手もなおしたい(笑)。

今日の悔しさをバネにして、なにがん!!

佐野 文哉

11/1

今日はコンセプト評価の順位発表がありました
自分の第一希望はクンチキタでした
11はん11はしり時とりすぎって1度も見せたくて雰囲気の違うものでした
ヤリたかったのですが11はん のしいになってしまいました
11はん のしりの間や振り付け間じさはんの不調もないのですが
これすぐり自分をギュッと見せれるかと言われたら怪しいところです
それで、自分がいま 37位で脱落圏内だったので必死に練習しても
出来ないかもしれないというのがやはりひでかにあり、これまでと比べると
なかなかモチベーションが上がらない部分もあります
11けんずつ自前に来ることなんで引き戻していくことだと思うので
やれることを全てやって後悔ないようにしていきたいです

12/9 (月)

幕張に到着。あと2日で僕らのこの長いようでとても短かった青春の日々が終わる。色々な事がありすぎて今だに気持ちを追いついてないけど。今思えば すべてがかけがえのない最高の思い出です。その思い出が終わるころには、こんな自分を見つけて好きになってくれた国民プロデューサーのみなさんと、今までたくさんお世話になった関係者の方々、そしてなにより誰よりも1番近くで支えてくれた家族友達。一緒に戦った練習生と向かえることができて嬉しいです。この半年間の成長と感謝をステージで伝えられるように僕は頑張ります。一人じゃ絶対ここまで来れなかった。今まで本当にありがとうございました。

白岩 瑠姫

白岩 瑠姫

11/1

きょうは コンセプト きょくを きめました。こくみんプロデューサーのみなさんが にあうきょくを きめてくれた ぼくはなにり... どんなきょくでもいいんですが きになるんです。やた。△と ふりつはえるしかんだ。え! Merry christmas が いがいに かわいかった。×ちゃんは ほんとうに おいしそうばっい! Black out と Domino は だいすき だった。ふりつはみて ほんとに どっちも この しろだと おもいました。はっきく Domino に おちたんですが じょういのひとがいっぱいはいって びっくりした。この ○○○んが がんばっう ×は ○○ だと おもった。○いっしょ はいめに して もらいたい の...こって Domino やりたい! だと おもった。

チョン ヨンフン

チョン ヨンフン

今日まで、自分含め、本当に色々とお疲れ様でした。本当に半年前までこのように2人に残ってファイナルに向けて、頑張っている姿は想像していませんでした。ここまで来られたのも、家族、スタッフの方々、ファンの方々、何よりも僕の常にそばにいてくれた 琉斗と拓斗には本当に一番感謝しています。二人がファイナルに残れなかった分、僕が精一杯頑張ります。僕がこれまで頑張って辛かった時、しんどかった時、泣いた時、楽しくて笑った時も全て自分の頭の中の宝物です。どんな結果であろう、恥じぬ気でいってきます。

鶴房 汐恩

鶴房 汐恩

11/29

今日は3回目の順位発表式でした。平々に正直 20位以内には残ることができないと思っていました。しかし19位で1番最初に呼ばれ、とってもビックリしました。そして発表式が終わるところまでとても仲良かったみんなが脱落してしまいました。でももう11人を決める最後の最後まできたので「もうやるしかない」という気持ちしかなかったです。今まで○○人が脱落し、本当にくるところまできたなと思いました。そして、デビュー評価のパート決めでは、僕は19位で下位なので他の人に動かしてもらおう、どこに行っても頑張る、という気持ちしかなかったです。結果は Grand Master のメインボーカルでした。こうになったら頑張るということだけだったので死ぬ気で頑張ります。全ての人に感謝して頑張るのみ!!

床波 志音

床波 志音

11月15日 金曜日
今日は本番でした。本当に楽しかった。Happy Merry Christmasは、本番前日までトレーナー陣に、ずっとずっと注意されてきて、今まで1度もほめられたことがありませんでした。だからわたしずっと悔しくて今日の本番ギリギリまでみんなで練習しました。ステージ裏ではこんなにずっと注意されてきましたが、国民プロデューサーの皆さんの声が聞こえた瞬間、一気に不安がどこかへ飛んでいき、はやくパフォーマンスしたいという気持ちが強くなりました。いざステージに立ったらもう楽しみしかなくなりました。パフォーマンス中も、とにかく楽しんで出来たので、最高なステージになったと思います。結果も、最初の僕らでは考えられなかったまさかの2位。メンバー内には、悔しがる練習生もいましたが、僕はパフォーマンスを見て、楽しんでくれた国民プロデューサーさんがいれば、本当にここまで一生懸命やってきて良かったなと感じますし、悔いはないです。
本当にHappy Merry Christmasで良かった。このメンバーでパフォーマンスできて良かった。そして、リーダーの直樹くん本当にありがとう。るきくんも最高のセンターお疲れ様。みんなで絶対20人に残りたいです。
本当にありがとうございました。

中本 大賀

11/13 (水) インタビュー受けると自分の気持ちが再確認できて良い。
まさか女装 えらばれるとは思わなかった。高校の時に逆ミス1位とって女装 ひろうしたことがあって、その時のはずかしさがよみがえってきた。メイクとヘアスタイルキャサリンがいいとどしおんが来てくれた。だんだんなくなってる感じがして、仕上がりがこわかった。メンヘラ系ナイフのキョウをされたことないからどういうしぐさするのかがわからなかった。おわってから5曲のトレーナーチェックがあった。他のチーム4曲だった!!けど1位もらえた!!トレーナーさんたちも快くBOYさんなGIRL良かった、と言ってくれた。今日もさらに細かくディテールとおしてくれたので クオリティが上がった!やすくら先生のレッスンもうけた。ダンスとうたのテンションがちがうみたいな事言われて、それを合わす内容のレッスンだった!それで最後に会ってきた!みたいに言ってくれたので良かったし、言言だすしじいもおわってそれで出しやすくなってびっくりした。所民らしい意識しよう!さいごの収録をみんなで⑩合わせよう、ってなって、エンジンもできて、1人ずつほめたりして良いグループだなぁって感じた!最高チーム4だ!!

福地 正

11/29 (金) 第3回 順位 発表日
今日は第3回順位発表日でした。
昨日はほぼ1位でいきたいかもしれない
残れたのは嬉しい。けど悔しい。
11位までに残るっていうないから
最後のパフォーマンスは絶対によりかおして
順位もあがれるようにしたい。

そして 課題曲。
僕は第1希望のYOUNGになりました
そして 初のラッパーパート。
前田 作曲方さんから、
「ラップやってみてよ」
と言われたので 挑戦してみた
死ぬにかけて。
明日から最後の合宿。
がんばります。よろしくお願いします。

本田 康祐

11/30 (土曜日)
今回は朝から みんなで わいわいさわぎながら パーティーをしました。今まで 練習生のみんなと ごはんを食べること はあまりなかったので すごくたのしくて。みんなのいろんな話を聞けてうれしかったです。その後は Grand Master の練習をして 良いふんいきで できてうれしかったです。その後は みんなのオーディションの頃の映像を見て 本当におもしろかったし、自分は 本当にデザイクでした。あの日から今までやってきて、変わった部分もあれば 良い意味で変わらない部分もあって あらためて がんばろうと思いました。明日から めちゃくちゃ がんばります。

豆原 一成

11月13日
今日は娘のビジュアルセンター決めがありました。みんな本物の女の子みたいになっていてすごいと思いました。僕は圧倒的に○さくんがタイプでした。今日は最後の練習だったのでかなり追い込みました。日に日にいい感じのパフォーマンスになってきていて僕が少し楽しみになってきた。明日のリハーサルで完璧に仕上げたいと思います。

磿田 寛大

11/1(金)
ふうとう開いたら "D" って書いてて
人て俺だけ "D" っていう曲？ソロ？と思いました。Dの部屋に行ったらツルビーンが居て俺は2人目でした。
クンチキタと分かったとき本当にうれしかったです。一番やりたかった曲なので国民プロデューサーの皆様に感謝が止まりません。
メインボーカルにも選んで頂いたのでメンバーの皆の期待と国民プロデューサーの皆様を裏切らないようダンスも全力で頑張ります。そして全員で一位をとりに行きたいと思います。
　　　　　クンチキタ
ソル、潤くん、龍聖、きょうちゃん、ツルビーン、Teija、海斗、奏主、白、あげ、渚人、ひかる。

宮里 龍斗志

12/7
レッスンを受けることができて みんなと歌とダンスをすることが どれほど幸せか
1日落ちているから痛みもよくわかる。 その分もっと頑張ろうと思える。
ステージに立つ喜びがすごい
半年前は普通の大学生だったのに 今幕張メッセに立てることがびっくり
本当に応援してくれてるファンの人には感謝したい。
脱落してしまった練習生全員の気持ちを背負って ステージに立つ！

宮島 優心

12/5(月).
〈あと2日...〉
・今日はYoungのふりつけの最終チェックをしてもらいました。
・表現の仕方がめちゃくちゃ良くなりました！
・シカメも練習したんですけど、最初の時より上手になっているとほめられました。
本番まであと少し... がんばっていきたいと思います！

與那城 奨

PRODUCE 101 JAPAN MEMORIAL PHOTO

前作には収録しきれなかった練習生たちの半年間の軌跡

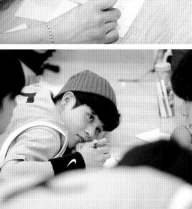

EVERYON
The greatest

練習生たちによるセルフィー

Selfie Shot

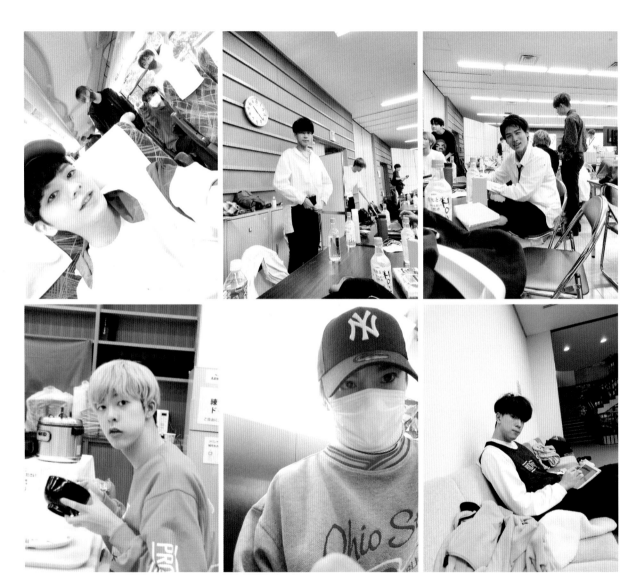

RAISE THE FLAG
EXILE SOUL BROTHERS from EXILE TRIBE

if...
DA PUMP

Wake up !
AAA

MEMBER PROFILE

順位	順位の推移
P	ポジションバトルでの課題曲・担当パート
G	グループバトルでの課題曲・担当パート
C	コンセプトバトルでの課題曲・担当パート
D	デビュー評価での課題曲・担当パート

NAME
出身地
チーム
クラス分け（初回→再評価）

Leader …リーダー　　👑 …センター　　▢…ベネフィット獲得

アオキ マサナミ
青木 聖波
東京
Team Breakin'
B → D

順位	14 位 → 14 位 → 15 位 → 14 位 → 15 位 → 20 位 → 30 位 → 27 位	
P	WILD WILD WILD 2 組	（ダンス）
G	if...	ラッパー②
C	クンチキタ	サブボーカル④
D	—	—

アゲダ マサキ
安慶田 真樹
沖縄
琉球BOYS
D → F

順位	65 位 → 79 位 → 90 位 → 47 位 → 51 位 → 49 位	
P	HAPPY BIRTHDAY 2 組	（ボーカル）
G	(RE)PLAY	サブボーカル③
C	—	—
D	—	—

アルジャマ 勇心 (ユウジン)
カナダ
純真
C → F

順位	69 位 → 63 位 → 69 位 → 77 位	
P	タマシイレボリューション 1 組	（ボーカル）
G	−	−
C	−	−
D	−	−

安藤 誠明 (アンドウ トモアキ)
福岡
シックスパックス
B → B

順位	4 位 → 4 位 → 7 位 → 11 位 → 11 位 → 10 位 → 7 位 → 6 位 → 14 位	
P	タマシイレボリューション 1 組	（ボーカル） 👑
G	Why? [Keep Your Head Down]	メインボーカル
C	Black Out	メインボーカル
D	YOUNG	メインボーカル

安藤 優 (アンドウ ユウ)
山形
アスリートBOYS
F → C

順位	37 位 → 40 位 → 40 位 → 40 位 → 42 位 → 47 位	
P	WILD WILD WILD 2 組	（ダンス）
G	Wake up!	ラッパー①
C	−	−
D	−	−

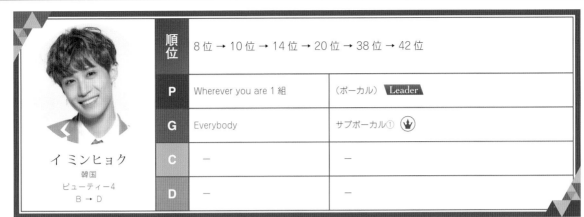

P···ポジションバトル　G···グループバトル　C···コンセプトバトル　D···デビュー評価　Leader···リーダー　👑···センター　▢···ベネフィット獲得

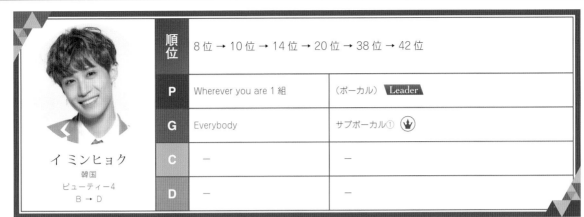

イ ミンヒョク
韓国
ビューティー4
B → D

	順位	8位 → 10位 → 14位 → 20位 → 38位 → 42位	
P		Wherever you are 1組	（ボーカル）Leader
G		Everybody	サブボーカル① 👑
C		—	—
D		—	—

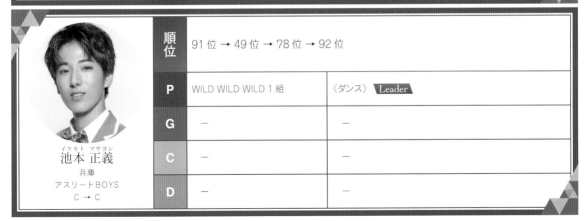

井汲 大翔（イクミ ヒロト）
大阪
Team DK
C → D

	順位	12位 → 16位 → 16位 → 19位 → 33位 → 36位	
P		OVER THE TOP 1組	（ダンス）
G		Everybody	ラッパー②
C		—	—
D		—	—

池本 正義（イケモト マサヨシ）
兵庫
アスリートBOYS
C → C

	順位	91位 → 49位 → 78位 → 92位	
P		WILD WILD WILD 1組	（ダンス）Leader
G		—	—
C		—	—
D		—	—

順位	57 位 → 87 位 → 70 位 → 96 位	
P	タマシイレボリューション 2 組	（ボーカル）
G	−	−
C	−	−
D	−	−

イシイ ケンタロウ
石井 健太郎
茨城
18X↑
F → F

順位	68 位 → 90 位 → 48 位 → 73 位	
P	HAPPY BIRTHDAY 1 組	（ボーカル） Leader
G	−	−
C	−	−
D	−	−

イシイ ユウキ
石井 祐輝
群馬
KILLER-SMILE
C → D

順位	38 位 → 47 位 → 65 位 → 70 位	
P	DNA 2 組	（ダンス） Leader
G	−	−
C	−	−
D	−	−

イソハタ ハヤト
五十畑 颯斗
東京
HIGH STEPS
B → D

稲吉 ひかり（イナヨシ ひかり）
神奈川
Team Rapper Crew
B → C

順位	60 位 → 76 位 → 77 位 → 74 位	
P	101 オリジナルラップ 1 組	（ラップ）
G	—	—
C	—	—
D	—	—

井上 港人（イノウエ ミナト）
滋賀
black belt
C → B

順位	28 位 → 32 位 ・39 位 → 36 位 → 28 位 → 30 位 → 22 位 → 12 位 → 18 位	
P	WILD WILD WILD 1 組	（ダンス）
G	(RE)PLAY	サブボーカル②
C	クンチキタ	ラッパー②　個人総合 1 位
D	GrandMaster	ラッパー①

今西 正彦（イマニシ マサヒコ）
大阪
ダンサーhico
F → B

順位	5 位 → 8 位 → 13 位 → 13 位 → 20 位 → 22 位 → 20 位 → 18 位 → 17 位	
P	WILD WILD WILD 2 組	（ダンス）👑 曲 1 位
G	Why? [Keep Your Head Down]	ラッパー②
C	やんちゃ BOY やんちゃ GIRL	ラッパー②
D	GrandMaster	サブボーカル①

イワサキ リュウト
岩崎 琉斗
愛知
Smile MAGIC
D → F

順位	42 位 → 43 位 → 46 位 → 45 位 → 46 位 → 50 位	
P	HAPPY BIRTHDAY 2 組	（ボーカル）👑
G	DDU-DU DDU-DU	サブラッパー①
C	—	—
D	—	—

ウエハラ ジュン
上原 潤
東京

C → B

順位	6 位 → 7 位 → 12 位 → 17 位 → 22 位 → 12 位 → 5 位 → 7 位 → 20 位		
P	101 オリジナルラップ 1 組	（ラップ）👑	
G	RAISE THE FLAG	ラッパー①	
C	クンチキタ	ラッパー①	Leader 👑
D	GrandMaster	ラッパー②	

ウチダ シュウト
内田 脩斗
東京
18X↑
D → D

順位	79 位 → 77 位 → 92 位 → 46 位 → 60 位 → 58 位	
P	DNA 2 組	（ダンス）
G	Why? [Keep Your Head Down]	ラッパー①
C	—	—
D	—	—

浦野 秀太
（ウラノ シュウタ）
神奈川
反逆のプリンス
C → C

順位	81 位 → 72 位 → 96 位 → 49 位 → 57 位 → 35 位 → 34 位 → 32 位	
P	HAPPY BIRTHDAY 2 組	（ボーカル）
G	RAISE THE FLAG	メインボーカル
C	Happy Merry Christmas	メインボーカル
D	—	—

大川 澪哉
（オオカワ レイヤ）
大阪
REBORNZ
B → B

順位	59 位 → 66 位 → 68 位 → 78 位	
P	OVER THE TOP 1 組	（ダンス）　Leader
G	—	—
C	—	—
D	—	—

大澤 駿弥
（オオサワ シュンヤ）
東京
Smile MAGIC
D → B

順位	11 位 → 12 位 → 11 位 → 9 位 → 8 位 → 8 位 → 19 位 → 15 位 → 13 位	
P	WILD WILD WILD 1 組	（ダンス）
G	RAISE THE FLAG	サブボーカル④
C	Black Out	ラッパー②
D	YOUNG	サブボーカル③　Leader

	順位	15 位 → 9 位 → 8 位 → 7 位 → 9 位 → 11 位 → 13 位 → 9 位 → 4 位	
 **大平 祥生** オオヒラ ショウセイ 京都 UN Backers C → B	P	HIGHLIGHT 1 組	（ダンス）
	G	(RE)PLAY	サブボーカル⑤ 👑
	C	やんちゃ BOY やんちゃ GIRL	サブボーカル④
	D	YOUNG	サブボーカル④

	順位	48 位 → 53 位 → 63 位 → 64 位	
 **大水 陸渡** オオミズ リクト 長崎 九州漢組 B → F	P	Lemon 1 組	（ボーカル）
	G	—	—
	C	—	—
	D	—	—

	順位	27 位 → 27 位 → 32 位 → 43 位 → 50 位 → 54 位	
 **岡田 武大** オカダ タケヒロ 愛知 Team Breakin' C → C	P	タマシイレボリューション 2 組	（ボーカル）
	G	LOVE ME RIGHT	ラッパー②
	C	—	—
	D	—	—

順位	54 位 → 82 位 → 82 位 → 50 位 → 30 位 → 28 位 → 35 位 → 31 位	
P	101 オリジナルラップ 1 組	（ラップ）　Leader
G	if…	ラッパー①
C	クンチキタ	サブボーカル①
D	—	—

岡野 海斗
オカノ カイト
埼玉
トライフォース
C → D

順位	58 位 → 69 位 → 75 位 → 27 位 → 25 位 → 24 位 → 32 位 → 29 位	
P	Wherever you are 1 組	（ボーカル）　曲 1 位／ボーカル部門 1 位
G	(RE)PLAY	メインボーカル
C	Happy Merry Christmas	サブボーカル②　Leader
D	—	—

男澤 直樹
オザワ ナオキ
福岡
九州漢組
B → B

順位	46 位 → 70 位 → 98 位 → 51 位 → 58 位 → 60 位	
P	Lemon 2 組	（ボーカル）
G	DDU-DU DDU-DU	メインボーカル
C	—	—
D	—	—

片上 勇士
カタガミ ユウシ
大阪
ビューティー4
F → F

カワシリ レン
川尻 蓮
福岡
UN Backers
A → A

順位	1 位 → 2 位 → 2 位 → 1 位 → 2 位 → 2 位 → 2 位 → 1 位 → 2 位	
P	HIGHLIGHT 1 組	（ダンス） Leader 👑
G	RAISE THE FLAG	サブボーカル①
C	DOMINO	サブボーカル① 👑
D	YOUNG	サブボーカル① 👑

カワニシ タクミ
川西 拓実
兵庫
KSIX
B → A

順位	2 位 → 3 位 → 3 位 → 3 位 → 1 位 → 1 位 → 12 位 → 5 位 → 3 位	
P	DNA 1 組	（ダンス）
G	RAISE THE FLAG	サブボーカル② 👑 個人総合 1 位
C	DOMINO	サブボーカル③
D	GrandMaster	サブボーカル⑤ 👑

カンノ マサヒロ
菅野 雅浩
北海道
DDD
C → B

順位	62 位 → 83 位 → 72 位 → 83 位	
P	Lemon 2 組	（ボーカル） 👑
G	―	―
C	―	―
D	―	―

北岡 謙人（キタオカ ケント）
大阪
ドリームランド
C → B

順位	34 位 → 33 位 → 28 位 → 32 位 → 43 位 → 48 位		
P	HAPPY BIRTHDAY 1 組	（ボーカル）	
G	Everybody	サブボーカル③	
C	－	－	
D	－	－	

北川 暉（キタガワ ヒカル）
大阪
KSIX
D → D

順位	39 位 → 37 位 → 41 位 → 39 位 → 47 位 → 38 位		
P	WILD WILD WILD 1 組	（ダンス）	
G	if...	サブボーカル① Leader	
C	－	－	
D	－	－	

北川 玲叶（キタガワ レイト）
宮崎
Team DK
D → F

順位	20 位 → 18 位 → 20 位 → 24 位 → 23 位 → 23 位 → 23 位 → 24 位		
P	OVER THE TOP 1 組	（ダンス）	
G	DDU-DU DDU-DU	サブボーカル① 曲 1 位	
C	やんちゃ BOY やんちゃ GIRL	ラッパー①	
D	－	－	

順位	95 位 → 46 位 → 43 位 → 75 位		
P	HAPPY BIRTHDAY 1 組	（ボーカル）	
G	—	—	
C	—	—	
D	—	—	

キハラ タイチ
木原 汰一
広島
B → F

順位	19 位 → 23 位 → 22 位 → 22 位 → 17 位 → 14 位 → 9 位 → 8 位 → 8 位		
P	HIGHLIGHT 1 組	（ダンス）	
G	LOVE ME RIGHT	サブボーカル③ 👑 曲 1 位	
C	クンチキタ	サブボーカル②	
D	YOUNG	サブボーカル⑤	

キマタ ショウヤ
木全 翔也
愛知
しゃちほこフレンズ
A → A

順位	10 位 → 6 位 → 4 位 → 4 位 → 6 位 → 5 位 → 14 位		
P	DNA 1 組	（ダンス） Leader	
G	RAISE THE FLAG	サブボーカル③ Leader	
C	Black Out	サブボーカル① Leader 👑	
D	—	—	

キム ヒチョン
韓国
HELLO AGAIN
A → A

キム ユンドン
韓国
HELLO AGAIN
A → A

	順位	13位 → 13位 → 6位 → 6位 → 5位 → 6位 → 10位	
P		DNA 1組	（ダンス）👑
G		FIRE	メインラッパー
C		DOMINO	ラッパー② Leader
D		－	－

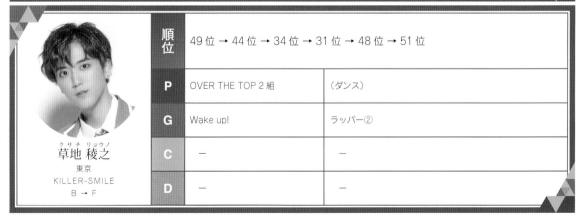

金城 碧海
（キンジョウ スカイ）
大阪
Team SKY
B → F

	順位	66位 → 85位 → 38位 → 33位 → 26位 → 25位 → 24位 → 14位 → 10位	
P		タマシイレボリューション 1組	（ボーカル）
G		Wake up!	サブボーカル②　曲1位
C		Black Out	ラッパー①
D		GrandMaster	サブボーカル⑦

草地 稜之
（クサチ リョウノ）
東京
KILLER-SMILE
B → F

	順位	49位 → 44位 → 34位 → 31位 → 48位 → 51位	
P		OVER THE TOP 2組	（ダンス）
G		Wake up!	ラッパー②
C		－	－
D		－	－

グチェレス タケル
フィリピン
純真
D → C

順位	45 位 → 41 位 → 49 位 → 71 位		
P	HAPPY BIRTHDAY 1 組	（ボーカル）	
G	−	−	
C	−	−	
D	−	−	

クマザワ フミヤ
熊澤 歩哉
福島
ぺんぺん ペンペン
B → F

順位	73 位 → 86 位 → 85 位 → 97 位		
P	OVER THE TOP 2 組	（ダンス）	
G	−	−	
C	−	−	
D	−	−	

クロカワ リュウセイ
黒川 竜聖
東京
ドリームランド
F → F

順位	55 位 → 89 位 → 47 位 → 69 位		
P	OVER THE TOP 2 組	（ダンス）	
G	−	−	
C	−	−	
D	−	−	

順位	16 位 → 17 位 → 18 位 → 15 位 → 10 位 → 9 位 → 11 位 → 11 位 → 9 位	
P	Wherever you are 1 組	（ボーカル）
G	FIRE	メインボーカル
C	DOMINO	メインボーカル
D	GrandMaster	サブボーカル③ ⟨Leader⟩

コウノ ジュンキ
河野 純喜
奈良
シックスパックス
B → B

順位	26 位 → 30 位 → 36 位 → 61 位	
P	タマシイレボリューション 2 組	（ボーカル）
G	－	－
C	－	－
D	－	－

コガ カズマ
古賀 一馬
東京
KILLER-SMILE
D → D

順位	52 位 → 95 位 → 57 位 → 93 位	
P	HIGHLIGHT 2 組	（ダンス） ⟨Leader⟩
G	－	－
C	－	－
D	－	－

コマジャク ユウキ
駒尺 雄樹
大阪
慶應BOYS
F → D

小松 倖真
コマツ コウシン
兵庫
プチメン
D → D

順位	21 位 → 21 位 → 23 位 → 23 位 → 29 位 → 31 位 → 28 位 → 22 位	
P	OVER THE TOP 1 組	（ダンス）
G	Happiness	サブボーカル③
C	やんちゃ BOY やんちゃ GIRL	メインボーカル
D	―	―

小山 省吾
コヤマ ショウゴ
兵庫
black belt
F → B

順位	90 位 → 59 位 → 81 位	
P	DNA 1 組	（ダンス）
G	―	―
C	―	―
D	―	―

佐々木 真生
ササキ マオ
宮城
DDD
D → B

順位	70 位 → 74 位 → 50 位 → 34 位 → 45 位 → 46 位	
P	DNA 2 組	（ダンス）
G	Everybody	メインボーカル
C	―	―
D	―	―

順位	25 位 → 19 位 → 17 位 → 12 位 → 14 位 → 16 位 → 17 位 → 13 位 → 7 位	
P	DNA 2 組	（ダンス）　曲 1 位
G	LOVE ME RIGHT	サブボーカル①
C	クンチキタ	サブボーカル③
D	GrandMaster	サブボーカル④

佐藤 景瑚
サトウ ケイゴ
愛知
HIGH STEPS
A → A

順位	36 位 → 34 位 → 27 位 → 21 位 → 18 位 → 21 位 → 18 位 → 19 位 → 16 位	
P	Wherever you are 2 組	（ボーカル）
G	(RE)PLAY	サブボーカル①
C	Happy Merry Christmas	ラッパー①
D	GrandMaster	サブボーカル⑥

佐藤 來良
サトウ ライラ
奈良
KSIX
A → B

順位	35 位 → 31 位 → 35 位 → 56 位 → 36 位 → 33 位 → 27 位 → 23 位	
P	タマシイレボリューション 1 組	（ボーカル）
G	Everybody	ラッパー①　曲 1 位
C	やんちゃ BOY やんちゃ GIRL	サブボーカル②
D	ー	ー

佐藤 隆士
サトウ リュウジ
埼玉
Team DK
C → C

佐野 文哉 (サノ フミヤ)
山梨
black belt
B → B

順位	94位 → 57位 → 79位 → 57位 → 37位 → 34位 → 21位 → 21位	
P	HIGHLIGHT 2組	（ダンス）👑
G	Why? [Keep Your Head Down]	サブボーカル②
C	Black Out	サブボーカル②
D	—	—

白岩 瑠姫 (シロイワ ルキ)
東京
反逆のプリンス
C → B

順位	22位 → 20位 → 19位 → 16位 → 16位 → 13位 → 4位 → 4位 → 6位	
P	OVER THE TOP 2組	（ダンス）👑
G	Why? [Keep Your Head Down]	サブボーカル③ 👑
C	Happy Merry Christmas	サブボーカル① 👑
D	YOUNG	サブボーカル②

鈴木 玄 (スズキ ゲン)
大阪
REBORNZ
B → C

順位	56位 → 81位 → 71位 → 82位	
P	タマシイレボリューション 1組	（ボーカル）
G	—	—
C	—	—
D	—	—

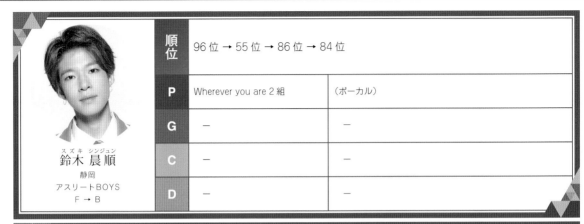

順位	96 位 → 55 位 → 86 位 → 84 位	
P	Wherever you are 2 組	（ボーカル）
G	—	—
C	—	—
D	—	—

スズキ シンジュン
鈴木 晨順
静岡
アスリートBOYS
F → B

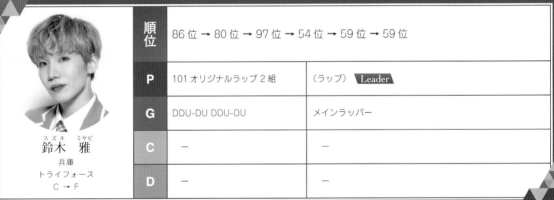

順位	86 位 → 80 位 → 97 位 → 54 位 → 59 位 → 59 位	
P	101 オリジナルラップ 2 組	（ラップ）　[Leader]
G	DDU-DU DDU-DU	メインラッパー
C	—	—
D	—	—

スズキ ミヤビ
鈴木 雅
兵庫
トライフォース
C → F

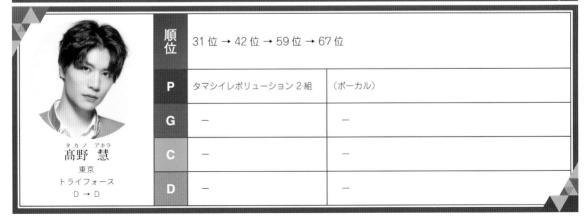

順位	31 位 → 42 位 → 59 位 → 67 位	
P	タマシイレボリューション 2 組	（ボーカル）
G	—	—
C	—	—
D	—	—

タカノ アキラ
髙野 慧
東京
トライフォース
D → D

	順位	29 位 → 29 位 → 31 位 → 37 位 → 35 位 → 37 位	
	P	タマシイレボリューション 2 組	（ボーカル） Leader 曲 1 位
	G	Happiness	サブボーカル⑤ 👑
	C	―	―
	D	―	―

タキザワ ツバサ
瀧澤 翼
千葉
REBORNZ
B → D

	順位	78 位 → 38 位 → 44 位 → 65 位	
	P	HIGHLIGHT 2 組	（ダンス）
	G	―	―
	C	―	―
	D	―	―

タグチ ケイヤ
田口 馨也
茨城
Team DK
C → D

	順位	75 位 → 88 位 → 73 位 → 76 位	
	P	WILD WILD WILD 1 組	（ダンス） 👑
	G	―	―
	C	―	―
	D	―	―

タナカ ユウヤ
田中 雄也
埼玉
HIGH STEPS
B → D

順位	9位 → 11位 → 9位 → 8位 → 7位 → 7位 → 6位	
P	OVER THE TOP 1 組	（ダンス）👑
G	FIRE	サブボーカル① Leader
C	DOMINO	サブボーカル②
D	—	—

チョン ヨンフン
韓国
HELLO AGAIN
B → C

順位	7位 → 5位 → 5位 → 5位 → 3位 → 3位 → 3位 → 3位 → 5位	
P	DNA 2 組	（ダンス）👑
G	FIRE	サブラッパー①
C	DOMINO	ラッパー①
D	YOUNG	ラッパー①

鶴房 汐恩
ツルボウ シオン
滋賀
SION
C → A

順位	30位 → 35位 → 42位 → 55位 → 40位 → 40位	
P	Wherever you are 2 組	（ボーカル）Leader
G	Happiness	サブボーカル① 曲1位
C	—	—
D	—	—

寺師 敬
テラシ ケイ
神奈川
アスリートBOYS
B → F

順位	41 位 → 61 位 → 66 位 → 79 位	
P	DNA 1 組	（ダンス）
G	—	—
C	—	—
D	—	—

東郷 良樹
トウゴウ ヨシキ
宮崎
TO-GO
B → D

順位	87 位 → 65 位 → 94 位 → 35 位 → 21 位 → 19 位 → 16 位 → 17 位 → 19 位	
P	HAPPY BIRTHDAY 1 組	（ボーカル）👑 曲 1 位
G	if...	メインボーカル 👑 曲 1 位
C	Happy Merry Christmas	サブボーカル③
D	GrandMaster	メインボーカル

床波 志音
トコナミ シオン
熊本
九州漢組
C → B

順位	51 位 → 64 位 → 61 位 → 63 位	
P	101 オリジナルラップ 1 組	（ラップ）
G	—	—
C	—	—
D	—	—

中川 勝就
ナカガワ カツナリ
兵庫
Team Rapper Crew
C → B

順位	33 位 → 45 位 → 62 位 → 62 位	
P	Wherever you are 2 組	（ボーカル）
G	―	―
C	―	―
D	―	―

中川 吟亮
ナカガワ ギンスケ
福岡
Boyz III Men
F → F

順位	85 位 → 98 位 ・37 位 → 42 位 → 32 位 → 39 位	
P	HIGHLIGHT 1 組	（ダンス）
G	LOVE ME RIGHT	メインボーカル
C	―	―
D	―	―

中里 空
ナカザト ソラ
長崎
Team SKY
C → B

順位	44 位 → 75 位 → 89 位 → 53 位 → 54 位 → 57 位	
P	OVER THE TOP 1 組	（ダンス）
G	Wake up!	サブボーカル①
C	―	―
D	―	―

中谷 日向
ナカタニ ヒュウガ
大阪
ビューティー4
F → D

ナカニシ ナオキ
中西 直樹
奈良
ビューティー4
B → C

順位	98 位 → 54 位 → 83 位 → 88 位	
P	Wherever you are 1 組	（ボーカル）
G	—	—
C	—	—
D	—	—

ナカノ リュウノスケ
中野 龍之介
大阪
HIGH STEPS
B → F

順位	63 位 → 50 位 → 45 位 → 38 位 → 52 位 → 52 位	
P	WILD WILD WILD 2 組	（ダンス）
G	DDU-DU DDU-DU	サブラッパー② 👑
C	—	—
D	—	—

ナカバヤシ トウイ
中林 登生
大阪
アスリートBOYS
D → D

順位	89 位 → 58 位 → 93 位 → 44 位 → 55 位 → 55 位	
P	HIGHLIGHT 1 組	（ダンス）
G	Everybody	サブボーカル② Leader
C	—	—
D	—	—

P…ポジションバトル　G…グループバトル　C…コンセプトバトル　D…デビュー評価　Leader…リーダー　★…センター　□…ベネフィット獲得

順位	61位 → 36位 → 30位 → 29位 → 31位 → 29位 → 33位 → 30位	
P	Lemon 1組	（ボーカル）
G	LOVE ME RIGHT	サブボーカル② Leader
C	Happy Merry Christmas	サブボーカル④
D	―	―

中本 大賀（ナカモト タイガ）
大阪
KSIX
D → C

順位	64位 → 67位 → 64位 → 66位	
P	HIGHLIGHT 2組	（ダンス）
G	―	―
C	―	―
D	―	―

西 涼太郎（ニシ リョウタロウ）
愛知
しゃちほこフレンズ
B → D

順位	43位 → 68位 → 91位 → 52位 → 53位 → 53位	
P	OVER THE TOP 2組	（ダンス）
G	if...	サブボーカル②
C	―	―
D	―	―

西尾 航暉（ニシオ コウキ）
北海道
DDD
F → F

順位	67 位 → 97 位 → 51 位 → 68 位	
P	Wherever you are 2 組	（ボーカル）
G	—	—
C	—	—
D	—	—

ニシノ トモヤ
西野 友也
東京
アスリートBOYS
D → F

順位	88 位 → 71 位 → 60 位 → 72 位	
P	HAPPY BIRTHDAY 2 組	（ボーカル） Leader
G	—	—
C	—	—
D	—	—

ニシヤマ カズキ
西山 和貴
福岡
Boyz III Men
B → C

順位	74 位 → 92 位 → 52 位 → 89 位	
P	Lemon 2 組	（ボーカル）
G	—	—
C	—	—
D	—	—

ハセガワ レオ
長谷川 怜央
京都
Boyz III Men
F → F

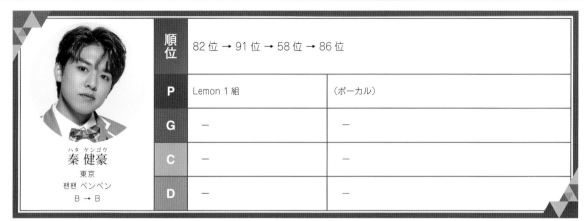

	順位	82 位 → 91 位 → 58 位 → 86 位	
	P	Lemon 1 組	（ボーカル）
ハタ ケンゴウ 秦 健豪 東京 팬팬 ペンペン B → B	G	—	—
	C	—	—
	D	—	—

	順位	40 位 ▸ 25 位 → 21 位 → 18 位 → 49 位 → 43 位	
	P	Wherever you are 1 組	（ボーカル） ♛
ハヤシ リュウタ 林 龍太 大阪 Smile MAGIC A → A	G	Happiness	メインボーカル
	C	—	—
	D	—	—

	順位	50 位 → 60 位 → 67 位 → 59 位 → 27 位 → 32 位 → 31 位 → 28 位	
	P	HIGHLIGHT 2 組	（ダンス）　曲 1 位
フクチ ショウ 福地 正 沖縄 琉球BOYS F → C	G	if...	サブボーカル③
	C	やんちゃ BOY やんちゃ GIRL	サブボーカル③　Leader
	D	—	—

フルヤ アキヒト
古屋 亮人
東京
Team DK
D → D

順位		76 位 → 73 位 → 88 位 → 60 位 → 44 位 → 44 位	
P		HIGHLIGHT 2 組	（ダンス）
G		DDU-DU DDU-DU	サブボーカル② **Leader**
C		—	—
D		—	—

ホンダ コウスケ
本田 康祐
福島
反逆のプリンス
B → B

順位		47 位 → 39 位 → 33 位 → 28 位 → 13 位 → 15 位 → 15 位 → 16 位 → 15 位	
P		OVER THE TOP 2 組	（ダンス） **Leader** 曲 1 位／ダンス部門 1 位
G		(RE)PLAY	サブボーカル④ **Leader** 曲 1 位
C		Black Out	サブボーカル④
D		YOUNG	ラッパー②

マツクラ ハルカ
松倉 悠
北海道
慶應BOYS
F → F

順位		97 位 → 52 位 → 84 位 → 95 位	
P		タマシイレボリューション 2 組	（ボーカル） 👑
G		—	—
C		—	—
D		—	—

	順位	3 位 → 1 位 → 1 位 → 2 位 → 4 位 → 4 位 → 1 位 → 2 位 → 1 位	
	P	DNA 1 組	（ダンス）
	G	FIRE	サブボーカル② 🥄 曲 1 位
	C	DOMINO	サブボーカル④
	D	GrandMaster	サブボーカル②

マメハラ イッセイ
豆原 一成
岡山
A → A

	順位	24 位 → 26 位 → 29 位 → 41 位 → 41 位 → 26 位 → 26 位 → 25 位	
	P	HAPPY BIRTHDAY 2 組	（ボーカル）
	G	FIRE	サブラッパー②
	C	Happy Merry Christmas	ラッパー②
	D	—	—

ミガキダ カンタ
磨田 寛大
三重
KSIX
F → F

	順位	17 位 → 22 位 → 26 位 → 30 位 → 34 位 → 41 位	
	P	101 オリジナルラップ 2 組	（ラップ）　ラップ部門 1 位
	G	Happiness	サブボーカル④
	C	—	—
	D	—	—

ミツイ リョウ
三井 瞭
神奈川
反逆のプリンス
B → D

宮里 龍斗志
ミヤザト タットシ
沖縄
琉球BOYS
B → B

順位	32位 → 28位 → 25位 → 25位 → 24位 → 27位 → 29位 → 26位	
P	タマシイレボリューション1組	（ボーカル）Leader
G	Wake up!	メインボーカル
C	クンチキタ	メインボーカル
D	—	—

宮島 優心
ミヤジマ ユウゴ
埼玉
プチメン
B → A

順位	18位 → 15位 → 10位 → 10位 → 12位 → 18位 → 25位 → 20位 → 12位	
P	HIGHLIGHT 1組	（ダンス）
G	LOVE ME RIGHT	ラッパー①
C	やんちゃBOY やんちゃGIRL	サブボーカル① 👑
D	YOUNG	ラッパー③

森 慎二郎
モリ シンジロウ
大阪
KSIX
F → F

順位	53位 → 51位 → 76位 → 90位	
P	101オリジナルラップ2組	（ラップ）
G	—	—
C	—	—
D	—	—

順位	72 位 → 62 位 → 54 位 → 58 位 → 39 位 → 45 位	
P	WILD WILD WILD 1 組	（ダンス）
G	Happiness	サブボーカル②　＼Leader＼
C	—	—
D	—	—

山田 恭　(ヤマダ キョウ)
石川
KILLER-SMILE
B → C

順位	92 位 → 48 位 → 80 位 → 85 位	
P	WILD WILD WILD 2 組	（ダンス）
G	—	—
C	—	—
D	—	—

山田 聡　(ヤマダ サトシ)
神奈川
UN Backers
D → F

順位	93 位 → 56 位 → 87 位 → 81 位	
P	101 オリジナルラップ 2 組	（ラップ）♛
G	—	—
C	—	—
D	—	—

山本 健太　(ヤマモト ケンタ)
東京
プチメン
D → C

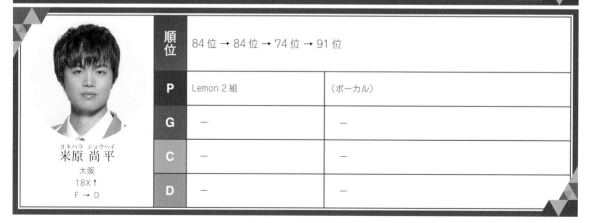

	順位	71 位 → 93 位 → 55 位 → 80 位	
結城 樹 ユウキ タツキ 山形 アスリートBOYS D → D	P	Lemon 1 組	（ボーカル）
	G	—	—
	C	—	—
	D	—	—

	順位	23 位 → 24 位 → 24 位 → 26 位 → 19 位 → 17 位 → 8 位 → 10 位 → 11 位	
與那城 奨 ヨナシロ ショウ 沖縄 シックスパックス B → B	P	Lemon 1 組	（ボーカル） Leader 曲 1 位
	G	Why? [Keep Your Head Down]	サブボーカル① Leader 曲 1 位
	C	Black Out	サブボーカル③
	D	YOUNG	サブボーカル⑥

	順位	84 位 → 84 位 → 74 位 → 91 位	
米原 尚平 ヨネハラ ショウヘイ 大阪 18X↑ F → D	P	Lemon 2 組	（ボーカル）
	G	—	—
	C	—	—
	D	—	—

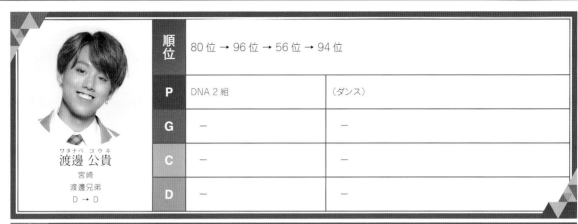

	順位	80 位 → 96 位 → 56 位 → 94 位	
ワタナベ コウキ **渡邊 公貴** 宮崎 渡邊兄弟 D → D	P	DNA 2 組	（ダンス）
	G	–	–
	C	–	–
	D	–	–

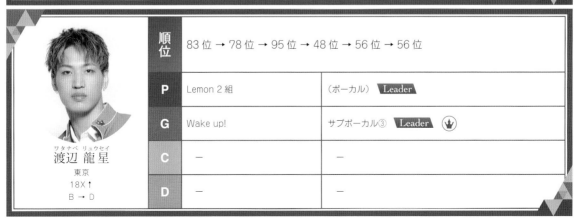

	順位	77 位 → 94 位 → 53 位 → 87 位	
ワタナベ タイキ **渡邊 大貴** 宮崎 渡邊兄弟 D → C	P	WILD WILD WILD 2 組	（ダンス） Leader
	G	–	–
	C	–	–
	D	–	–

	順位	83 位 → 78 位 → 95 位 → 48 位 → 56 位 → 56 位	
ワタナベ リュウセイ **渡辺 龍星** 東京 18X↑ B → D	P	Lemon 2 組	（ボーカル） Leader
	G	Wake up!	サブボーカル③ Leader 👑
	C	–	–
	D	–	–

TV PROGRAM CREDIT

特別協賛

協賛

協力   Taron CJ JAPAN

課題曲 「ツカメ ~ It's Coming ~」
作詞　Kanata Nakamura(中村彼方)
作曲　Ryan S. Jhun　Andrew Choi　Eunsol(1008)　DAWN　BiNTAGE　Seo Yi Sung

制作協力　MCIP ホールディングス　

制作　　😀 吉本興業

制作著作　LAPONE ENTERTAINMENT

PRESENT

ページ右下の応募券を付属のハガキに貼り付けてご応募いただくと、抽選で、練習生の生写真5枚セットや、オフィシャルグッズをプレゼントいたします。ぜひご応募ください。

Present 1

生写真5枚セットを3名様にプレゼント！
誌面に掲載している写真を5枚セットでプレゼントいたします。

※掲載している写真は見本です。変更することがございますのでご了承ください。

(1) PRODUCE 101 JAPAN
生写真5枚セット3名様

Present 2

(2) PRODUCE 101 JAPAN
トレーナー1名様
※色・サイズを選ぶことはできません。
ご了承ください。

Present 3

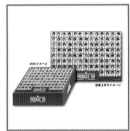

(3) PRODUCE 101 JAPAN
ジグソーパズル1名様

Present 4

(4) PRODUCE 101 JAPAN
ピンバッジ3名様

★応募方法

付属のハガキにページ右下の応募券を貼り付けていただき、プレゼント送付先ご住所、お名前、年齢、職業、アンケート欄にご記入の上、(1)〜(4)の希望プレゼント番号を明示し、63円切手を貼ってお送りください。※応募締め切りは2020年4月30日(当日消印有効)です。なお、プレゼントの当選は、発送をもってかえさせていただきます。

▶公式グッズの最新情報は公式ホームページをチェック！

応募券

PRODUCE 101 JAPAN FAN BOOK PLUS

2020 年 2 月 10 日初版発行
2020 年 3 月 10 日 2 刷発行

出演　PRODUCE 101 JAPAN 練習生の皆さん

発行人　松野浩之
編集人　新井治

企画・進行・編集　太田青里
編集協力　宮野さや夏、力石恒元、南百瀬健太郎
デザイン・DTP　大滝康義（株式会社ワルツ）
本文 DTP　近藤みどり
写真　キム・ヒョンジュ、永留新矢
プロモーション　佐藤孝文、中村礼、平岡伴基

営業　島津友彦（株式会社ワニブックス）

主催　PRODUCE 101 JAPAN 運営事務局 (CJENM/ 吉本興業)

発行　ヨシモトブックス
〒160-0022 東京都新宿区新宿 5-18-21
TEL 03-3209-8291
発売　株式会社ワニブックス
〒150-8482 東京都渋谷区恵比寿 4-4-9 えびす大黒ビル
TEL 03-5449-2711
印刷・製本　シナノ書籍印刷株式会社

JASRAC 出 1914664-901

Based on the format ' Produce 101' produced by CJ ENM Corporation
©LAPONE ENTERTAINMENT/ 吉本興業 2020 Printed in Japan
ISBN　978-4-8470-9877-2　C0076